오
늘
은

홈술

술이
더 맛있어지는
황금비율 홈술
1분 레시피

오늘은

홈술

류지수 지음

ᑕ 청림Life

"수고했어, 오늘도."
하루 종일 애쓴 나에게 선물하는
술 한 잔의 행복

퇴근 후, 딱 한 잔만 하고 싶은데
불러낼 사람은 없고,
멀리 나가기는 싫고.

지금 우리집 냉장고에 있는 재료로
1분 안에 만들 수 있는
홈술 레시피의 모든 것!

Prologue。

고된 하루를 마감하는 한 잔의 맛, 오늘은 홈술

저는 항상 술을 더 즐겁고 맛있게 마시는 방법에 대해 고민이 많았습니다. 곰곰이 생각해보면, 저의 '술 사랑'은 대학교 때로 거슬러 올라가요. 대학교 때 속해 있던 동아리는 회원 수가 무척 적은 소수정예 동아리였습니다. 그래서 다른 동아리들보다 훨씬 저렴한 비용으로 회식을 할 수 있었어요. 한 동아리 회원이 먼저 "우리, 비싸고 맛있는 술을 마시자!"하고 제안했던 것이 발단이었습니다. 그 이후로 우리는 안줏값을 과감히 줄이고 보드카와 리큐르 등 맛있고 신기한 술들을 마시는 데에 재미를 붙였습니다. 친구들 덕분에 저는 '쓰지 않고 맛있는 술'에 대해 깊이 심취하게 되었답니다.

술 레시피에 대한 관심은 아르바이트로도 이어졌어요. 100가지 이상의 세계맥주를 판매하는 펍에서 일할 때는 맥주 상식뿐만 아니라 생맥주를 맛있게 따르는 방법, 간단한 칵테일 제조법 등을 배울 수 있어 좋았습니다. 이자카야에서 일할 때에는 과일 소주가 최고의 인기를 누리고 있었지요. 이때는 달콤한 술을 많이 만들었습니다. '코난'이라는 이름으로 인스타그램에서 홈술 레시피를 선보이고 있는 지금, 예전의 아르바이트 경험들이 저에게 큰 도움이 되고 있답니다.

취업 후에는 뭔가 마음속이 허전했어요. 한 번 사는 인생, 내가 제일 하고 싶고 좋아하는 것은 무엇일까? 고민이 많았지요. 저는 결국 직장을 그만두었고, 한 달 동안 배낭여행을 떠났습니다. 한 달 후, 여행에서 돌아오자마자 제가 가장 먼저 한 일은 영상 편집 학원과 요리 학원에 등록한 것이었습니다. 처음에는 그저 '나는 요리하고 먹는 것을 좋아하니까, 이걸 영상으로 남기면 재미있겠지?' 하며 가볍게 시작했던 일이었지요. 그러던 어느 날, 홈카페 인스타그래머들의 영상을 보다가 '내 인생에서 가장 중요한 것은 술, 음식, 그리고 영상'이라는 생각이 강하게 들었습니다. 제 마음속에는 이미 차별화된 레시피로 술을 만들고, 이것을 예쁜 영상으로 남기는 것에 대한 꿈이 있었던 거예요.

내 인생에서 무엇이 가장 중요한지 깨달은 후, 저는 홈술 레시피를 영상으로 만들어 인스타그램, 유튜브에 올리기 시작했습니다. 놀랍게도 저의 레시피를 기다리고 따라하는 사람들이 점점 늘어났어요. "맛있어요!"라는 댓글도 물론 뿌듯했지만, "지친 하루의 소확행, 코난의 홈술 레시피!"라는 댓글에 더 신이 나더라고요. 제 홈술 레시피로 인생의 즐거움을 되찾았다는 댓글이 어찌나 힘이 되던지요.

『오늘은 홈술』은 독자 여러분 모두가 인생의 참된 재미, 진정한 휴식을 만나기를 바라며 쓴 책입니다. 이 책에 담긴 홈술 레시피들을 통해 여러분이 '고된 하루를 마감하는 한 잔의 맛'을 스스로에게 선물하는 시간을 갖기를 바랍니다.

우리 모두의 행복과 낭만을 응원하며, 오늘은 '홈술' 해요.

류지수

Contents。

PART 1

한 잔을 마셔도 더 맛있게, 예쁘게, 재미있게!

홈술 레시피를 만들면서 모티브로 삼은 것은
개그우먼 박나래 님의 '나래바'였습니다.
나만의 공간에서 소소하게 홈바를 시작하였고
예쁘고 맛있어 보이는 칵테일이 많은 분들에게
공감이 되었던 것 같습니다.
전문적으로 칵테일을 배운 적은 없지만
예쁘게 술 한 잔 만들어보고 싶어 계속해서 연구를 하고
저만의 레시피를 개발하는 중입니다.

여러분도 오직 나를 위한 술,
오롯이 내 입맛에 맞는 술,
맛있고 예쁜 술 한 잔 만들어보면 어떨까요?

술 한 잔이 간절한 저녁이 있죠?
'오늘도 잘 살았다. 나란 존재.'
고단한 하루를 맛있는 한 잔의 술로 위로하고 싶을 때,
집에서 간단하게 만들어 마실 수 있는
'1분 홈칵테일'을 시작하세요.

이런 분들께 '1분 홈칵테일'을 추천합니다.

○ 퇴근 후 지친 나를 위한 한 잔이 필요할 때
○ 맛있는 음식과 어울리는 칵테일이 마시고 싶을 때
○ 집들이를 할 때 지인에게 칵테일을 예쁘게 만들어주고 싶을 때
○ 멀리 나가지 않고 집에서 칵테일을 즐기고 싶을 때
○ 쉽고 간단하게 칵테일을 만들고 싶을 때
○ 이색적인 칵테일 레시피가 알고 싶을 때
○ 입에 쓰지 않고 달달한 술이 마시고 싶을 때

혼자서 단 한 잔을 마시더라도
예쁘게, 맛있게, 재미있게.

술의 종류

진gin

곡물을 발효 및 증류시켜 만든 알코올에 쥬니퍼 열매 등을 더해서 다시 증류한 술.

리큐어liqueur

과일, 허브, 크림 등을 위스키, 브랜디, 럼과 같은 증류주에 섞어서 만든 술.

브랜디brandy

백포도 와인을 증류하여 만든 술을 말하는데, 포도 외에도 모든 과일류를 발효 및 증류하여 숙성시킨 술.

럼rum

사탕수수를 발효 및 증류하여 만든 서인도제도 원산의 증류주.

보드카vodka

보리, 호밀, 감자 등을 주원료로 한 무색, 무취, 무미의 증류주. 풍미를 더한 것도 있음.

테킬라tequila

멕시코 특산의 다육식물인 용설란의 수액을 증류시켜 만든 술. 멕시코의 특산주.

위스키whisky

보리, 호밀 등을 원료로 하여 발효 및 증류를 거친 증류주. 향이 강해 술이 지닌 본래의 맛을 중시하는 단순한 레시피에 사용.

홈칵테일 한 잔, 이렇게 만들어요

술
베이스 술, 풍미를 더하는 술.

가니시
허브, 마라스키노체리,
올리브, 설탕, 소금, 과일 등.

부재료
물, 탄산수, 우유,
음료수, 시럽 등.

가니시 및 부재료

타임

로즈마리

애플민트

루모라고사리

시나몬 스틱, 팔각

마라스키노체리

레몬, 라임

시럽, 더치커피

tip。

애플민트, 로즈마리는 대형마트에서 쉽게 구매할 수 있
습니다. 타임은 '이마트'나 '마켓컬리'에서 구매하면 더
편리합니다. 단, 루모라고사리는 인터넷 검색을 통해 구
매하는 것이 좋습니다.

얼음

럼프 아이스rump ice   아이스 볼 크기의 덩어리 얼음

크랙트 아이스cracked ice   아이스 픽으로 깬 얼음

큐브드 아이스cubed ice   정육면체로 각진 얼음

크러시드 아이스crushed ice   잘게 부순 얼음

tip。

얼음의 크기가 작을수록 술은 더 빨리 차가워집니다. 얼음의
크기가 클수록 얼음 녹는 속도가 느려요.

자주 쓰이는 도구

푸어러

코스터

시럽잔

집게, 스쿱

홈칵테일을 위한 우유 거품 만들기

준비물

미니 전동거품기
'다이소'에서 2,000원에 구매했어요. 무게가 가볍고 가격이 저렴하다는 것이 장점이지만 많은 양을 하거나 쫀쫀한 거품을 내기는 힘들어요.

프렌치프레소
'홈플러스'에서 구매했어요. 빠르게 많은 양을 만들 수 있어요. 스테인리스는 추천하지 않습니다. 내열 유리인지 전자레인지 사용이 가능한 유리인지 꼭 따져보고 구입하세요.

tip。
우유를 따뜻할 정도로만 데우는 것이 중요해요! 너무 뜨겁게 데우지 않도록 주의해주세요. 우유를 데울 때는 전자레인지를 이용해서 데워요. 우유 거품을 낼 때 상단에서 거품을 낼 경우 큰 기포가 많이 생기므로 주의해주세요.

전동거품기로 우유 거품 만들기

데운 우유를 1/3정도만 따라주고 미니 전동거품기를 깊숙이 넣고 거품을 내주세요. 이때 거품기가 바닥에 부딪히지 않도록 해주세요.

프렌치프레소로 우유 거품 만들기

데운 우유를 프렌치프레소에 넣어주고 우유 상단에서 펌핑 2~3회 해주세요. 그리고 하단에서 빠르게 10회 정도 펌핑해주세요.

tip。
이보다 더욱 간편하게 만들고 싶다고요? 그럼 우유거품 드롱기를 구매하는 것을 추천합니다.

책 속 계량법

소주 1잔 = 50ml
칵테일에서는 'oz' 단위(약 30ml)를 쓰지만 이 책에서는 소주잔을
이용하여 1샷을 측정하였고, 알기 쉽게 하기 위하여 'ml'를 사용하
게 되었어요.

읽기 전에 참고해주세요.

○ 기호와 입맛에 따라 레시피 응용이 가능해요.
○ 이 책을 통해서 본인이 선호하는 '맛'을 찾아가길 바라요.
○ 이 책은 칵테일을 만드는 기본적인 틀을 잡아주는 책이 아니라
   쉽고 간단하게, 집에서 칵테일을 즐길 수 있도록 만든 레시피 책
   이에요.
○ 처음부터 모든 걸 갖출 필요는 없어요. 홈술은 언제든지 시작할
   수 있습니다.

PART 2

1차는 간단하게, 편의점 칵테일

말리부 쌕쌕

Malibu orange with coconut jelly

말리부 오렌지는 워낙 유명한 칵테일이라 다들 알고 계실 거예요. 아이스크림에는 쌕쌕 특유의 알갱이 느낌이 잘 살아있어요. 쌕쌕 오렌지 주스에는 코코넛 젤리가 있어서 코코넛 럼인 말리부와 너무나도 잘 어울린답니다.

ingredient。

말리부 50ml, 쌕쌕 아이스크림,
쌕쌕 오렌지 주스 100ml, 마라스키노체리,
루모라고사리

recipe。

1   컵 안에 쌕쌕 아이스크림을 넣어주세요.

2   작은 얼음을 넣어주세요.

3   쌕쌕 오렌지 주스의 코코넛 젤리가 같이 나올 수 있도록 잘 흔들어서 넣어주세요.

4   말리부를 넣어주세요.

5   가니시로 마라스키노체리와 로즈마리를 얹어주세요.

tip。

굉장히 상큼한 맛의 술이라, 기분이 꿀꿀하거나 휴식이 필요한 날 마시기 좋아요. 특히 팟타이 같은 동남아 음식과 매우 잘 어울립니다. 쌕쌕 아이스크림이 없다면, 편의점에서 파는 생귤탱귤감귤 아이스크림으로 만들어보세요.

1	3
	4
2	5

봄베이 진 토닉

Bombay gin tonic

드라이 진의 한 종류인 봄베이 사파이어에 토닉워터를 섞은 진 토닉이에요. 병은 파랗고 예쁘지만, 정작 내용물인 진은 투명해서 마실 때마다 아쉽더라고요. 그래서 파란색 얼음을 만들어 사용해보았어요. 얼음 하나로 칵테일에 멋스러움을 더해보세요.

✳ ─────────────── *ingredient* 。

봄베이 사파이어 45ml, 토닉워터 100ml,
블루 큐라소, 레몬 슬라이스

☽ ─────────────── *recipe* 。

1 컵 안에 블루 큐라소를 얼려 만든 파란색 얼음을 넣어주세요.

2 봄베이 사파이어를 넣어주세요.

3 토닉워터를 넣어주세요.

4 마지막으로 레몬 슬라이스를 넣어주세요.

⌂ ─────────────── *tip* 。

블루 큐라소는 오렌지 리큐어의 한 종류로서 파란색을 띄고 있어요. 블루 큐라소, 혹은 파란색 색소가 집에 없다면 블루 레몬에이드를 추천합니다. 블루 레몬에이드를 희석한 다음, 얼려서 사용해도 간편하고 맛있어요.

폴라포 소르베주

Grape sorbet bomb

한 번쯤 도전해보고 싶었던 폴라포주. 1분 안에 만들고, 더욱 맛있게 먹을 수 있는 방법을 알려드릴게요. 폴라포를 아이스크림 스쿱에 담기만 하면 완성입니다!

✳ ingredient。

폴라포 1개, 사이다 100ml,
소주 혹은 보드카 50ml, 포도즙 20ml, 애플민트,
레몬 슬라이스 1/2조각, 아이스크림 스쿱

☽ recipe。

1 포도즙을 컵 안에 넣어주세요.

2 그 위에 얼음을 채우고 사이다를 넣어주세요.

3 폴라포 소르베를 1스쿱 올려주세요.

4 소주 혹은 보드카를 넣어주세요.

5 애플민트와 레몬 슬라이스 1/2 조각으로 장식해
   주세요.

⌂ tip。

이 술은 스테이크와 같은 육류를 먹을 때 와인 대용으로 마시면 좋습니다. 재료 중 사이다 대신에 편의점에서 흔하게 볼 수 있는 포도맛 탄산음료를 넣어도 맛있어요.

고드름 크루저 피치

Icicle cruiser peach

오랜만에 친구들이랑 집에서 술 한 잔 하고 싶어서 자리를 만들었는데, 술을 정말 하나도 못 마시는 친구가 놀러왔다면? 이런 친구에게 만들어주면 좋을 홈칵테일이에요. 얼음 아이스크림인 아이스블럭 복숭아맛(또는 고드름, 아이스가이 피치도 OK!) 덕분에 녹아도 맛이 싱거워지지 않고 달달한 복숭아맛을 유지할 수 있어요. '술알못' 친구의 마음을 한 번에 사로잡을 레시피입니다.

✳ ——————— *ingredient* 。

아이스블럭 복숭아맛, 크루저 피치 맥주,
통조림 백도 1조각, 루모라고사리

☽ ——————— *recipe* 。

1 컵에 아이스블럭 복숭아맛을 가득 채워주세요.

2 크루저 피치를 컵 테두리의 5mm 정도 아래까지
채워주세요.

3 둥근 부분이 위로 가도록 백도 1조각을 올려주세요.

4 백도 중간에 로즈마리를 꽂아 장식해주세요.

⌂ ——————— *tip* 。

**크루저같은 종류의 술을 'RTD'라고 해요. 칵테일바에 가면 칵테일
이 나오기 전에 가볍게 마실 수 있는 '술 드링크'예요. 그래서 뜻이
'Ready to drink'라는 뜻이에요.**

바나나 막걸리 사이다

Banana makgeoli cider

막걸리와 사이다 조합은 누구나 알고 있는 '꿀 조합'이죠. 바나나 막걸리를 더욱 달달하고 시원하게 만든 홈칵테일입니다. 진짜 바나나를 넣어서, 비주얼도 맛도 훨씬 더 고급스러워요. 한 잔 마시고 나면 배까지 든든해지는 일석이조 칵테일이 랍니다.

✳ ──────────── *ingredient* 。

바나나 막걸리 150ml, 사이다 100ml,
바나나 슬라이스 조각, 로즈마리, 포크

☽ ──────────── *recipe* 。

1 바나나를 5mm 정도 두께로 잘라주세요. 두께가 너무 얇으면 잔에 붙여도 떠오르는 경우가 있으니 주의해주세요.

2 바나나 슬라이스를 컵 하단에 붙여주세요. 꽉 눌러서 컵에 완전히 붙여주세요.

3 얼음을 채워주세요.

4 사이다를 넣어주세요.

5 바나나 막걸리를 넣어주세요.

6 로즈마리를 세로로 꽂아주세요.

7 장식용으로 포크에 바나나 슬라이스를 꽂아 술 속에 담궈주세요.

⌂ ──────────── *tip* 。

막걸리를 처음 딸 때, 한 손으로 몸통을 지그시 누른 후 뚜껑을 열어주세요. '치익' 하는 소리가 나면 누르고 있던 손을 놓으세요. 그럼 막걸리가 거의 터지지 않아요.

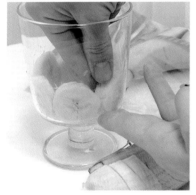

잭다니엘 닥터페퍼

Jack daniel's with dr.pepper

'잭다니엘+콜라'의 조합인 잭콕의 응용 버전이에요. 닥터페퍼를 사용하면 체리콕 같은 느낌이 나고, 달달한 맛이 더 강해진답니다.

✳ ──── ingredient 。

잭다니엘 60ml, 닥터페퍼 100ml, 레몬 슬라이스, 루모라고사리

☽ ──── recipe 。

1 잭다니엘을 넣어주세요.

2 얼음을 채워주세요.

3 닥터페퍼를 부어주세요.

4 레몬 슬라이스와 루모라고사리를 올려 장식합니다.

⌂ ──── tip 。

잭콕을 만들 때는 레몬 슬라이스를 한 조각 넣으면 상큼함이 더해져서 훨씬 맛있어요. 더 상큼하게 마시고 싶다고요? 그럼 레몬 반 조각을 짜서 '즙'으로 넣어주세요. 루모라고사리는 넣지 않아도 괜찮아요.

깔라토닉 슬러시
Packed soju slushie with Tonicwater calamansi

소주를 얼려서 슬러시처럼 만든 칵테일이에요. 진로믹스에서 나온 토닉워터 깔라만시 맛으로 일명 '쏘토닉(소주+토닉워터)'을 만들어 보았습니다. 슬러시를 얹어서 더욱 맛있고 보기만 해도 시원해지는 한 잔입니다.

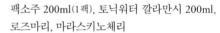

ingredient 。

팩소주 200ml(1팩), 토닉워터 깔라만시 200ml,
로즈마리, 마라스키노체리

recipe 。

1 큰 잔에 얼음을 넣어주세요. 조금 더 멋을 내고 싶다면 블루 큐라소를 얼려 만든 파란색 얼음을 넣어도 좋아요.

2 토닉워터 깔라만시를 잔의 80%만큼 채워주세요.

3 샤베트처럼 얼린 팩소주를 얼음 위로 쌓아주세요.

4 로즈마리와 마라스키노체리로 장식해주세요.

tip 。

일반 얼음도 좋지만, 맛뿐만 아니라 시각적으로도 시원한 느낌을 더해주고 싶다면 파란색 얼음을 만들어 넣어보세요. 파란색 얼음은 블루 큐라소나 식용 색소로 만들면 됩니다. 그리고 이 홈술은 더운 날씨에 시원하게 마셔도 좋지만, 특히 삼겹살 같은 기름진 음식을 먹은 후 입안을 깔끔하게 해주는 술입니다. 팩소주를 얼릴 때는 얼음보다 어는점이 더 낮아서 시간이 조금 더 걸려요.

스미노프 애플톡톡

Smirnoff apple tok tok

(8)

스미노프 그린 애플 보드카가 들어가서 상큼하고 가볍게 마실 수 있는 홈술입니다. 편의점에서 파는 사과를 예쁘게 잘라, 칵테일에 2조각 꽂아주면 더 예쁘고 맛있게 스미노프 애플톡톡을 즐길 수 있어요.

✳ ─────────── *ingredient* 。

스미노프 그린 애플 보드카 50ml,
사이다 100ml, 사과 조각, 로즈마리

☽ ─────────── *recipe* 。

1 컵 안에 얼음을 넣어주세요. 일반 얼음도 좋지만 저는 사과를 표현하기 위해 초록색, 빨강색 식용 색소로 얼음을 만들어보았어요.

2 스미노프 그린애플 보드카를 넣어주세요.

3 사이다를 넣어주세요.

4 사과 조각을 세워서 맨 위에 꽂아주세요.

5 로즈마리를 얹어 장식해주세요.

⌂ ─────────── *tip* 。

색깔 있는 얼음을 만들 때는 식용 색소를 이용하여 색을 넣어주면 되는데 식용 색소를 구하기 힘들다면 시럽을 살짝 희석해서 쓰세요. 대신 사과맛을 해치지 않도록 주의하세요.

| 1 | 2 | 4 |
| 3 | | 5 |

PART 3

2차는 시원하게, 술이 깨는 칵테일

하이볼
Highball

위스키에 탄산음료를 넣은 음료를 하이볼이라고 합니다. 탄산 기포(ball)가 위로 올라오는 것을 보고 하이볼이라는 이름을 지은 것으로 추측돼요. 일반적으로 하이볼을 만들 때 데코에 레몬 슬라이스와 시나몬 스틱을 넣어주면 맛있어요.

✳ ─────────── *ingredient* 。

산토리 위스키 50ml, 탄산수 150ml, 팔각,
시나몬 스틱

☽ ─────────── *recipe* 。

1 잔에 위스키를 담아주세요.

2 얼음을 넣어주세요.

3 탄산수를 넣어주세요.

4 팔각과 시나몬 스틱을 올려 장식하면 완성됩니다.

⌂ ─────────── *tip* 。

탄산수 말고 다른 탄산음료를 사용해도 괜찮아요. 하지만 팔각향과 시나몬향이 더해지기 때문에 탄산수를 쓰는 것을 더 추천합니다. 상큼한 술이 먹고 싶은 날에는 팔각 대신 레몬을 넣어도 좋습니다. 그리고 튀김 꼬치나 나베 종류의 일식을 안주로 곁들이면 술이 더 맛있어져요.

와인 에이드
Wine ade

와인이 남았을 때 처리하기 애매했던 경우가 있을 거예요. 그럴 때 만들어볼 수 있는 홈칵테일입니다. 1분 안에 간단하게 만들 수 있지만 아주 색다른 맛을 느낄 수 있어요.

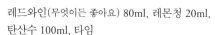

ingredient 。

레드와인(무엇이든 좋아요) 80ml, 레몬청 20ml, 탄산수 100ml, 타임

recipe 。

1   와인잔에 레몬청을 넣어주세요.

2   얼음을 넣어주세요.

3   탄산수를 부어주세요.

4   와인을 부어주세요

5   타임을 올려 장식해주세요.

tip 。

레몬청 담그기

1   레몬 껍질을 소금으로 문질러 씻은 다음, 슬라이스 모양으로 썰어주세요.

2   뜨거운 물로 소독한 병에 설탕과 레몬청을 1:1의 비율로 넣어주세요.

1	3
	4
2	5

더티호

Dirty hoe

'더러워진 호가든'이라는 뜻으로, 기네스 드래프트와 호가든 두 맥주의 밀도차로 만드는 '폭탄맥주'예요. 첫맛은 기네스의 씁쓸한 맛이 나고, 마지막에는 호가든의 향이 입안에 남아서 마치 '플랫화이트' 같은 맥주랍니다.

ingredient。

호가든, 기네스 드래프트

recipe。

1   호가든을 잔에 거품이 나도록 따라주세요.

2   스푼의 뒷면을 이용해 잔을 타고 기네스가 내려갈 수 있도록 부어주세요.

3   호가든 거품이 컵의 입구 위로 봉긋하게 올라올 때까지 기네스를 천천히 부어주세요.

tip。

더티호를 마실 때는 빨리 준비할 수 있고 간단하게 먹을 수 있는 안주가 좋습니다. 왜냐하면 맥주 2개로 만들었기 때문에 양이 많고, 얼른 마셔야 맛있는 홈술이기 때문이지요. 짭짤한 프레츨 과자 안주를 추천합니다.

말리부 파인애플

Malibu pineapple

（12）

아주 기본적인 칵테일이지만, 1분 안에 만들 수 있는 홈칵테일 스타일로 소개하고자 해요. 블랜더나 얼음틀 없이도 시원한 칵테일을 만들 수 있답니다.

ingredient。

파인애플 음료(무엇이든 좋아요) 120ml,
말리부 45ml, 파인애플, 로즈마리,
마라스키노체리

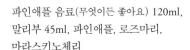

recipe。

1 잔에 말리부를 넣어주세요.

2 파인애플 음료를 얼려서 넣어주세요. 이때 슬러시
형태가 좋아요.

3 로즈마리와 마라스키노체리를 올려 장식해주세요.

4 마지막으로 파인애플 꼬치를 넣어주면 완성됩니다.

tip。

파인애플 음료 슬러시는 팩 음료를 사용하면 블랜더 없이 쉽게 만들
수 있어요. 팩 음료를 냉장고에서 얼린 다음, 다시 살짝 녹인 후 팩
을 주물러주면 슬러시 형태가 된답니다.

쿨라임 소주

Cool lime soju

스타벅스에서 판매하는 쿨라임 피지오를 생각하며 만든 칵테일이에요. 소주, 라임 스파클링 의외의 조합이 청량하고 상큼한 맛을 만들어냅니다. 간단하게 식전주로 마시면 입맛을 돋울 수 있어요.

ingredient 。

소주 50ml, 스파클링 라임 150ml,
라임 슬라이스 2개, 타임, 머들러

recipe 。

1 컵 안에 라임 슬라이스를 붙이고 작은 얼음을 채워주세요.

2 소주를 넣어주세요.

3 라임 스파클링 음료수로 채워주세요.

4 타임을 올려 장식해주세요.

5 머들러를 꽂아 장식해주세요.

tip 。

사이다에 라임즙을 넣어도 맛있는 라임 스파클링이 됩니다. 그리고 쿨라임 소주에는 의외로 스팸 튀김이나 매콤한 쫄면을 곁들여 먹으면 맛있어요.

85

(14)

석류 소주 에이드

Pomegranate soju ade

좋은데이 컬러시리즈 중 석류 소주로 만든 칵테일이에요. 도수가 낮고 상큼해서 부담 없이 마시기 좋아요. 석류맛 홍초를 넣으면 색감까지 더 예뻐진답니다.

✳ —————————— *ingredient* 。

좋은데이 석류 80ml, 탄산수 100ml,
석류맛 홍초 15ml, 레몬 슬라이스 1개, 석류,
타임, 애플민트

☽ —————————— *recipe* 。

1 와인잔에 석류와 레몬 슬라이스를 넣어주세요. 레몬 슬라이스는 잔 안쪽에 붙여주세요.

2 얼음을 넣어주세요.

3 좋은데이 석류 소주를 부어주세요.

4 탄산수를 넣어주세요.

5 타임과 애플민트를 가니시로 넣어주세요.

6 석류맛 홍초를 조심스럽게 부어주세요.

⌂ —————————— *tip* 。

석류 소주 에이드에 어울리는 안주는 무엇일까요? 간단한 핑거 푸드나 파스타와 곁들이면 고급스러운 한 끼 식사가 됩니다.

		5
1	2	
3	4	6

15

아이리쉬 카밤
Irish Car Bomb

아일랜드산 폭탄주예요. 한국의 '고진감래주'와 비슷하지요. 아일랜드 맥주 기네스, 아일랜드 리큐어 베일리스, 아일랜드 위스키인 제임슨을 사용해서 만들어요.

ingredient 。

기네스 드래프트, 제임슨 위스키,
베일리스

recipe 。

1 베일리스를 따른 샷 잔에 제임슨을 서서히 부어 각각의 술 층을 나누어주세요.

2 기네스를 컵에 부어주세요.

3 기네스가 담긴 컵에 베일리스, 제임슨이 담긴 샷 잔을 퐁당 떨어뜨려요.

tip 。

베일리스, 제임슨이 담긴 샷 잔을 맥주 안에 떨어뜨리면, 응고 현상이 일어나기 때문에 바로 '원샷'을 해야 합니다. 원샷이 부담스러우면 조금씩 섞어서 마시는 방법도 있어요.

소주 오이 토닉
Soju cucumber tonic

소주, 토닉워터 조합에 오이를 썰어서 넣으면 근사한 칵테일이 됩니다. 술이 더 시원해지고 청량해져요. 당장이라도 벌컥벌컥 마시고 싶은 소주 오이 토닉 한 잔, 어떠세요?

ingredient 。

오이 반 개, 소주 50ml, 토닉워터 100ml,
애플민트

recipe 。

1 작은 얼음과 애플민트를 컵에 함께 넣어주세요.

2 소주를 넣어주세요.

3 토닉워터를 부어주세요.

4 길쭉하게 어슷썰기 한 오이 두 조각을 컵 속에 꽂아주세요.

5 3~5mm 두께로 둥글게 자른 오이 조각들을 포크에 꽂아서 술 안에 담굽니다.

tip 。

소주 오이 토닉은 오이가 들어가서 시원하고 깔끔한 맛입니다. 그래서 삼겹살 같은 기름진 음식과 잘 어울려요! 고깃집에서 친구들과 한 잔 할 때, 한번 만들어보세요. 토닉워터는 근처 편의점에서 쉽게 구입할 수 있어요.

17

스파클링 준벅
Sparkling June bug

'준벅(June bug)'이라는 칵테일을 아시나요? '6월의 벌레'라는 뜻으로, 이름처럼 싱그럽고 초여름의 맛이 느껴지는 칵테일이에요. 원래 오리지널 준벅에는 바나나 리큐어가 들어가는데, 저는 친근한 재료인 순하리 소다톡 바나나맛을 사용해서 '스파클링 버전'으로 만들어보았어요.

✳ ——————————— *ingredient* 。

말리부 30ml, 미도리(혹은 메론소다) 30ml,
파인애플 주스 40ml, 순하리 소다톡 바나나맛 40ml,
레몬즙 15ml, 레몬, 로즈마리

☽ ——————————— *recipe* 。

1 길쭉한 컵에 말리부를 넣어주세요.

2 파인애플 주스를 넣어주세요.

3 순하리 소다톡 바나나맛을 넣어주세요.

4 미도리(메론소다)를 넣어주세요.

5 레몬 껍질을 돌려서 깎은 후 얼음과 함께 넣어주세요.

6 레몬즙을 짜서 넣어주세요.

7 레몬 상단 부분과 로즈마리로 장식해주세요.

⌂ ——————————— *tip* 。

**순하리 소다톡 바나나맛 대신 바나나 주스를 사용해도 좋아요. 그럼
바나나 맛이 더 강해져요. 중요한 건 '맛'이죠! 어떤 칵테일이든 대
체품을 활용해서 맛있게 만들면 됩니다.**

PART 4

3차는 느낌 있게, 카페 스타일 칵테일

깔루아 말차 라테
Kahlua matcha latte

깔루아라는 커피 리큐어를 사용하여 말차 라테를 만들어보았어요. 우유가 들어가서 부드럽게 취할 수 있는 한 잔이에요. 비주얼만 보면 술이 한 방울도 들어가지 않은 것 같지만, 방심하고 벌컥 마시면 한 번에 취할 수도 있답니다.

✳ ─────────── *ingredient* 。

깔루아 말차 45ml, 우유 100ml, 말차 가루

☽ ─────────── *recipe* 。

1 잔에 깔루아 말차를 부어주세요.

2 작은 얼음으로 잔을 채워주세요.

3 우유 50ml를 부어주세요.

4 나머지 우유에 말차 가루를 희석하여 부어주세요.

⌂ ─────────── *tip* 。

깔루아 말차에서는 말차맛이 별로 나지 않아요. 따라서 말차 가루를 사용하면 더욱 진한 말차의 맛을 느낄 수 있어요. 깔루아 말차가 없다면 깔루아 오리지널에 말차 가루를 넣어서 사용하셔도 된답니다.

베트남 콩커피
Vietnam cong coffee

베트남 다낭의 유명한 카페 '콩카페'의 메뉴인 코코넛 스무디를 생각하며 만들었어요. 콩카페는 현재 국내에도 지점이 생길 정도로 인기가 많아요. 단맛이 적은 코코넛 밀크에 베일리스를 넣어 맛있게 한 잔, 어떠세요?

✳ ──────── *ingredient* 。

베일리스 20ml, 리얼 코코넛 밀크 100ml,
더치커피 30ml, 빠다코코낫 1조각

☽ ──────── *recipe* 。

1 베일리스를 잔에 넣어주세요.

2 슬러시처럼 얼린 리얼 코코넛 밀크 50ml를 넣어주세요.

3 더치커피를 넣어주세요.

4 남은 코코넛 밀크 50ml를 넣어주세요.

5 마지막으로 빠다코코낫으로 장식해주세요.

⌂ ──────── *tip* 。

리얼 코코넛 밀크에는 단맛이 적기 때문에 베일리스로 단맛을 조절해주세요. 그리고 만약 더치커피가 없다면 편의점에서 판매하는 카누 다크로스트를 진하게 타서 넣어도 좋아요.

1	2	4
3		
		5

（20） # 베일리스 초코 바나나

Baileys choco banana

달달한 초코라테 위에 바나나를 올린 귀여운 홈칵테일입니다. 몽키 바나나를 꼬치에 끼워 폭신한 우유거품 위에 올려주었어요. 따뜻하게 마셔도, 차갑게 마셔도 맛있는 달달한 한 잔입니다.

✳ ——————————— *ingredient* 。

베일리스 20ml, 허쉬 초코파우더,
스팀우유 100ml, 몽키 바나나 4개, 꼬치

☽ ——————————— *recipe* 。

1 잔에 초코파우더를 넣고 뜨거운 우유를 잔의 1/3만큼 넣어주세요.

2 잘 섞이도록 저어주세요.

3 얼음을 넣어주세요.

4 우유 거품을 얹어주세요. 우유 거품을 얹은 다음에 베일리스를 넣어야 우유 거품이 풍성해져요.

5 베일리스를 넣어주세요.

6 꼬치에 몽키 바나나 4개를 꽂은 후 초코펜으로 그린 다음 가니시로 올려주세요.

⌂ ——————————— *tip* 。

바나나가 들어있어서 먹으면 든든하고, 아주 달콤한 맛이라 달지 않고 무겁지 않은 안주가 어울려요. 아몬드나 호두 등 간단한 견과류를 곁들이면 좋답니다.

아마룰라 민트라테
Amarula mint latte

아마룰라는 남아공 열대과일인 '마룰라'를 이용해 만든 리큐르예요. 약간 캬라멜 맛이 나면서 조금 느끼한 맛이 나요. 그래서 시원한 민트 시럽과 정말 잘 어울린 답니다.

✳ ──────── *ingredient* 。

아마룰라 50ml, 스팀우유 100ml, 민트 시럽 15ml, 얼음

☽ ──────── *recipe* 。

1 민트 시럽을 잔에 부어주세요.

2 얼음을 잔 입구까지 가득 채워주세요.

3 스팀우유를 넣어주세요.

4 아마룰라를 부어 마무리해주세요.

⌂ ──────── *tip* 。

**평소에 고소한 커피를 자주 마시거나 혹은 민트 시럽을 좋아하지 않
는 취향이라면, 민트 시럽 대신 커피를 넣어도 맛있습니다.**

아이리쉬 카푸치노
Irish cappuccino

제임슨 위스키가 들어간 커피 음료예요. 저는 우유 거품을 많이 넣어 카푸치노 스타일로 만들어보았어요. 추운 겨울에 따뜻하게 마시면 좋답니다.

☀ ──────── *ingredient* 。

아메리카노 50ml, 제임슨 위스키 50ml, 스팀우유 150ml, 시나몬 스틱, 코코아 파우더

☽ ──────── *recipe* 。

1 아메리카노를 넣어주세요. 저는 티백을 우려서 만들었어요.

2 제임슨 위스키 50ml를 넣어주세요.

3 우유 거품을 많이, 잔 속에 평평하게 깔아주듯이 넣어주세요.

4 코코아 파우더를 뿌려주세요. 먼저 뿌려야 우유를 넣었을 때 예뻐요.

5 우유 거품이 빵빵하게 올라올때까지 따뜻한 우유를 넣어주세요.

6 시나몬 스틱을 올려주세요.

⌂ ──────── *tip* 。

코코아 파우더와 시나몬 스틱 대신, 시나몬 파우더를 뿌려도 좋아요. 자기 취향에 따라 즐기면 돼요. 어울리는 디저트로는 슈크림빵과 케이크를 추천합니다. 마치 카페에 온 것 같은 기분이 들 거예요.

1	4
2	5
3	6

PART 5

혼자 놀기 심심할 때, 홈파티 칵테일

버번 수정과

Bourbon cinnamon punch

(23)

칵테일에 수정과가 들어간다니, 신기하지요? 시나몬맛이 강한 수정과와 버번 위스키의 조합이 정말 잘 어울려요. 버번 위스키는 옥수수, 호밀이 베이스인 술인데 굉장히 부드럽답니다.

ingredient 。

버번 위스키 예벨엘 50ml, 수정과 150ml,
시나몬 스틱, 팔각

recipe 。

1 버번 위스키 예벨엘을 컵에 채워주세요.

2 얼음을 채워주세요.

3 수정과를 넣어주세요. 편의점에서 파는 수정과도
   좋습니다.

4 팔각과 시나몬 스틱을 가니시로 올려주세요.

5 시나몬 스틱에 불을 붙여 진한 향을 더해주세요.

tip 。

안주로는 알리오올리오 파스타를 추천합니다. 재료는 간단하지만
맛은 아주 고급스럽고 훌륭하다는 점이 버번 수정과와 알리오올리
오의 공통점이지요.

1	3
	4
2	5

크리스마스 아그와 밤

Christmas agwa bomb

아그와 오리지널과 디아블로를 사용하여 크리스마스 시즌 칵테일을 만들어보았어요. 컵에 예쁘게 리본 장식을 하고, 가니시로 사탕을 꽂아주면 크리스마스 느낌이 더 살아날 거예요. 데이트 홈칵테일로도 좋답니다.

ingredient 。

아그와 오리지널 40ml, 아그와 디아블로 40ml,
토닉워터 100ml, 애플민트, 로즈마리,
사탕, 머들러

recipe 。

1 컵에 애플민트와 얼음을 같이 넣어주세요.

2 아그와 오리지널을 부어주세요.

3 토닉워터를 넣어주세요.

4 아그와 디아블로를 넣어주세요.

5 가니시로 사탕과 로즈마리, 머들러를 꽂아주세요.

tip 。

파티가 시작되었는데 마침 집에 토닉워터가 없다면? 당황하지 마세요. 근처 슈퍼에서 구하기 쉬운 사이다를 넣어도 맛은 훌륭합니다. 보쌈, 피자, 치킨 등 모든 배달 음식에 잘 어울리는 술이므로 안주 걱정도 끝!

배딸의 민족
Strawberry pear bomb

(25)

딸기와 배의 조합은 언제나 맛있어요. 이 칵테일의 포인트는 사각사각 씹히는 탱크보이 아이스크림과 쫀득하게 씹히는 딸기청의 딸기에요. 가끔 술을 마실 때 시원하고 달콤한 아이스크림이 먹고 싶을 때가 있죠? 그때 마시면 딱 좋은 홈칵테일입니다.

ingredient.

앱솔루트 페어(혹은 소주) 50ml,
딸기청 30ml, 탱크보이, 로즈마리

recipe.

1 컵에 딸기청을 넣어주세요.

2 작은 얼음들을 가득 채워주세요.

3 로즈마리를 맨 위에 꽂아주세요.

4 탱크보이를 살짝 녹여서 얼음 위에 올려주세요.

5 앱솔루트 페어를 조심스럽게 부어주세요. 미니어처를 얼음 위에 거꾸로 꽂으면 핫플레이스 기분이 나서 더 좋아요.

tip.

이 홈칵테일을 '마지막 마무리 한 잔'으로 강력 추천합니다! 샤베트처럼 딸기청과 탱크보이를 함께 떠먹으면 달콤하고 예쁜 디저트를 먹는 기분이 들기 때문이에요. 앱솔루트 페어를 사용하면 탱크보이의 배 맛이 더 강해지고 딸기청과도 잘 어울립니다. 여자들이 좋아하는 맛!

(26)

자몽 깻잎 모히또
Grapefruit sesame leaf mojito

슈퍼에서 쉽게 구할 수 있는 재료로 만든 자몽 깻잎 모히또예요. 소주 대신 화요를 넣어주면 스파클링 와인 같으면서 고급스러운 맛이 납니다. 깻잎향이 좋아서 청량감 있어요. 여기에 자몽이 들어가서 쌉쌀하면서도 달달한 맛도 나는 아주 매력적인 술이에요. 입가심할 때 좋은 홈칵테일이랍니다.

✳ ───────────── *ingredient*。

화요 17도 50ml, 깻잎, 설탕 1티스푼,
자몽, 탄산수 150ml, 머들러

☽ ───────────── *recipe*。

1 깻잎, 설탕을 컵에 넣고 천천히 짓이기며 빻아주
   세요.

2 작은 얼음으로 채워줍니다.

3 자몽을 잘게 조각 내어 넣어주세요.

4 화요를 넣어주세요.

5 탄산수를 넣어주세요.

6 머들러로 섞어서 마무리합니다.

⌂ ───────────── *tip*。

1번 단계에서는 취향에 맞게 설탕의 양을 조절해보세요. 더 달달하게 먹고 싶으면 설탕을 많이 부어도 좋아요! 그리고 안주로는 차돌박이 숙주 볶음을 추천합니다. 자몽의 상큼함과 깻잎의 향이 서로 잘 어울려요.

1	4
2	5
3	6

힙키스

Hpnotiq with milkiss

힙노틱에 밀키스를 섞은 홈칵테일입니다. 영롱한 파란색 빛이 참 예뻐요. 밀키스가 더해져서 목 넘김이 매우 부드럽답니다.

ingredient 。

힙노틱 50ml, 밀키스 150ml, 블루베리,
애플민트

recipe 。

1 길쭉한 잔에 얼음을 가득 채워주세요.

2 힙노틱을 넣어주세요.

3 밀키스(혹은 부라더소다)를 넣어주세요.

4 블루베리와 애플민트를 가니시로 데코해주세요.

tip 。

'오늘 하루, 수고했어!' 바쁜 하루를 보낸 후, 시원하고 홀가분하게
술 한 잔 즐기고 싶을 때 딱 어울리는 홈술입니다. 힙키스 자체가 가
벼운 느낌이다보니, 안주는 리코타 치즈 샐러드가 좋습니다.

카푸카나 선라이즈

Capucana sunrise

(28)

이 홈칵테일은 사실 럼이 들어간 '스크류 드라이버'예요. 선라이즈가 생각나는
비주얼이죠. 오렌지 주스에 라즈베리청을 넣으면 맛이 더 발랄하고 상큼해져요.
이유 없이 축 처지는 날, 나를 위해 한 잔 만들어보아요.

ingredient。

카푸카나 럼 45ml, 오렌지 주스 50ml,
진저 비어 100ml, 라즈베리청, 레몬,
애플민트, 마라스키노체리

recipe。

1 라즈베리청을 컵에 먼저 부어주세요.

2 얼음을 채워주세요.

3 카푸카나 럼을 넣어주세요.

4 진저 비어를 넣어주세요.

5 꼬치에 레몬과 과일을 꽂아서 넣고, 애플민트와
   마라스키노체리를 얹어주세요.

6 오렌지 주스를 부어주세요.

tip。

모든 요리에 잘 어울리는 홈술이지만, 특히 파히타, 타코 등 멕시코
요리 등 이국적인 음식과 잘 어울립니다.

29

지바인 봉봉
G vine grape juice

포도 봉봉, 추억의 음료수죠. 이 클래식한 재료와 지바인 진이 만나면 놀랍게도 고급스러운 포도주 느낌이 난답니다. 이 레시피는 어디에나 응용해볼 수 있어요. 드라이 지바인 진은 유러피안 진의 한 종류인데, 드라이한 진들과는 다르게 꽃향이 나고 부드러운 술이랍니다.

✴ ———————————— *ingredient* 。

지바인 진 45ml, 포도 봉봉 120ml, 로즈마리

☽ ———————————— *recipe* 。

1 지바인 진을 컵에 넣어주세요.

2 포도 봉봉 캔을 누르면서 넣어주세요. 그래야 포도 알갱이가 나온답니다.

3 얼음을 넣어주세요.

4 로즈마리 가니시로 마무리해주세요.

⌂ ———————————— *tip* 。

토마토가 들어간 파스타와 아주 잘 어울립니다. 향이 좋아서 식전주로 마셔도 좋지요. 와인을 마시면 숙취가 더 심해지는 분들께도 지바인 봉봉을 추천합니다. 와인 대용으로도 딱 좋은 홈술이기 때문이에요.

30

블루베리 소주 에이드
Blueberry soju ade

좋은데이 블루베리맛으로 칵테일을 만들었어요. 마치 블루베리 에이드 같은 상큼한 비주얼의 홈칵테일이죠. 냉장고 냉동실에 블루베리를 얼려놓기만 하면, 즉석에서 바로 만들어 마실 수 있는 간단한 한 잔입니다. 누가 보면 이 칵테일은 비주얼이 예뻐서 그냥 주스인 줄 알 거예요.

ingredient。

좋은데이 블루베리 50ml, 탄산수 100ml, 로즈마리, 블루베리, 설탕

recipe。

1 블루베리를 갈아서 설탕과 1:1 비율로 섞어 잔에 넣어주세요(블루베리청을 사용하셔도 돼요).

2 얼음과 로즈마리를 넣어주세요.

3 블루베리 소주를 넣어주세요.

4 탄산수를 넣어주세요.

5 블루베리를 얹어 장식해주세요.

tip。

한식을 먹을 때 마시면 좋습니다. 하지만 의외로 부드러운 치즈케이크를 곁들여도 아주 훌륭한 디저트 홈술이 된답니다. 반전 매력이 있는 술이에요.

1			4
2	3		5

복분자 레몬 밤

Raspberry lemon bomb

복분자청과 레몬 보드카를 섞어 상큼한 칵테일을 만들었어요. 레몬 슬라이스를 곁들여 레몬의 맛과 시각적인 멋을 더했습니다. 레몬의 신맛과 복분자청의 단맛이 생각보다 잘 어울려요. 비타민이 몸에 흡수되는 듯, '마치 건강해지는 착각'도 드는 매력적인 한 잔입니다.

ingredient。

복분자청 40ml, 탄산수 100ml, 레몬 보드카 80ml, 레몬 슬라이스 2조각, 노무라

recipe。

1 복분자청을 먼저 잔에 넣어주세요.

2 얼음과 레몬을 넣어주세요. 이때 레몬 슬라이스를 잔에 붙여주세요.

3 탄산수를 넣어주세요.

4 레몬 보드카를 넣어주세요.

5 노무라를 올려 장식해주세요.

tip。

선배, 상사, 집안 어르신 등 '윗사람'과 함께 마실 일이 있을 때 이 술을 한 잔 만들어 드려보세요. 그럼 좋아하실 거예요. 특히 소고기를 먹을 때 곁들이면 더 맛있어지는 술이라는 것을 기억하세요!

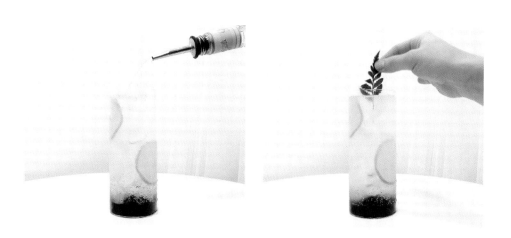

홈술 별책부록

모두가 행복해지는 술자리 기술

소주 삼층 석탑

Soju three-story stone pagoda

(32)

소주잔을 삼층으로 쌓아서 소주를 위에서 붓는 방법이에요. 벌칙주로 만들어 놓고 게임을 하면 좋아요. 재밌는 기술이라 술자리에서 주목받을 수 있어요!

❋ —————————— *ingredient*。

소주잔 3개, 평평한 젓가락 2쌍

☽ —————————— *recipe*。

1 평평한 곳에 소주잔 1개를 올려놓고 잔 입구에 젓가락을 11자로 올려놓으세요.

2 젓가락 위에 소주잔 1개를 올려줍니다. 다시 그 위에 1번과 똑같은 방법으로 젓가락을 올려놓고, 젓가락 위에 소주잔 1개를 올려줍니다.

3 소주를 위에서부터 천천히 따라주면 됩니다. 그럼 소주가 첫 번째 잔부터 계단식으로 타고 내려갈 거예요.

⌂ —————————— *tip*。

잔을 타고 흘러내리기 때문에 바깥으로 흘러넘치지는 않는답니다. 하지만 흥이 넘쳐서 너무 많이 따르면 술이 쏟아질 수 있으니, 흥 조절해주세요!

33 거품 빵빵 소맥 기술
Shaking soju and beer

소맥을 말 때 가장 중요한 것은 '잘 섞였는가' 입니다. 이 기술은 이미 애주가들 사이에서는 유명하지요. 섞자마자 바로 마실 수 있는 거품 빵빵 소맥 기술을 알려드립니다.

✳ ────────── *ingredient* ◦

소주, 병맥주, 맥주잔

🌙 ────────── *recipe* ◦

1 소주를 맥주잔에 따라주세요.

2 맥주병을 오픈하고 엄지로 입구를 막은 다음, 3차례 정도 위아래로 힘껏 흔들어주세요.

3 맥주병을 뒤집어 엄지로 막고 있는 입구를 조금 열어 맥주가 수도꼭지의 물처럼 강한 압력으로 '쭉' 뿜어져 나오게 해주세요.

4 맥주가 강하게 나오면서 거품이 일어나요.

5 거품 빵빵 소맥이 완성되었습니다!

⌂ ────────── *tip* ◦

혹시 맥주가 약하게 나온다면 병을 몇 차례 더 흔들어보세요. 1인분 만들기에 성공했다면, 맥주잔 2개로 2인분 소맥 만들기에 도전해보세요.

		3
1	2	4
		5

소주를 따는 가장 화려한 방법

how to open soju

요즘 TV나 SNS 등에서 자주 소개되는 소주 따는 기술이에요. 여러 가지 방법이 많지만 저는 그중에서도 손놀림이 가장 화려한 방법을 소개해드리려고 해요.

✳ ——————————— *ingredient* 。

소주, 아직 만취하지 않은 몸과 마음

☽ ——————————— *recipe* 。

1 소주병의 상단이 오른쪽으로 향하게 한 후, 왼손으로 뚜껑을 잡아주세요.

2 뚜껑을 잡을 때는 엄지, 검지, 중지만 이용해서 감싸주세요.

3 그리고 이때 오른손은 왼손보다 위에 있어야 합니다. 오른손으로 소주병의 하단을 잡아주세요.

4 왼손을 몸쪽으로 끌어당긴다고 생각하며 뚜껑을 중심으로 돌려주세요.

5 마지막으로 위로 당기며 뚜껑을 열어주세요. 이때 왼손은 손바닥이 위를 향하고 있어야 해요.

⌂ ——————————— *tip* 。

연습할 때에는 이미 개봉되어 있는 소주의 뚜껑을 깔끔하게 손질한 상태에서 연습해주세요. 자칫하면 손이 베일 수 있기 때문에 조심하세요!

밀키스

Mlikiss taste somac

이제 소맥은 지겹죠. 색다른 폭탄주를 소개해드릴게요. 특히 달콤하고 맛있는 술을 마시고 싶을 때 추천합니다. 이 홈칵테일은 진짜 밀키스의 맛이 나서, 밀키스 또는 암바사라는 이름으로 불러요. 술자리가 느슨하고 지루해질 때쯤, 누군가 재미없는 이야기를 할 때…. 한 잔 만들어보세요. 분위기도 좋아질 거예요.

✳ ——————— *ingredient* 。

소주, 병맥주, 사이다, 맥주잔, 휴지

☽ ——————— *recipe* 。

1 소주잔으로 계량하여 소주 1잔, 맥주 1잔, 사이다 1잔을 준비합니다(잔 한 개를 돌려써도 좋아요).

2 소주, 맥주, 사이다를 각 소주잔 1잔씩 계량하여 맥주잔에 모두 부어줍니다.

3 휴지로 입구를 틀어먹고 컵 아래를 있는 힘껏 2~3회 쳐줍니다.

4 거품이 가라앉기 전에 빠르게 '원샷'을 합니다!

⌂ ——————— *tip* 。

소주잔으로 계량할 때는 잔에 있는 '브랜드 글씨'까지만 술을 부으세요. 소주잔을 꽉 채우면, 원샷하기에는 양이 많아지니 주의하세요.

참, 밀키스 매너! 만들기 전에 미리 상대방에게 "이 술은 만들자마자 바로 마셔야 해."라고 꼭 이야기해줍시다. 왜냐하면 이 술은 거품이 금방 꺼지기 때문에 시간이 지나고 먹으면 맛이 달라지기 때문이에요.

술이 더 맛있어지는
황금비율 홈술 1분 레시피

오늘은 홈술

1판 1쇄 인쇄 2019년 6월 14일
1판 1쇄 발행 2019년 6월 27일

지은이 류지수
펴낸이 고병욱

기획편집실장 김성수 책임편집 김소정 기획편집 양춘미 이새봄
마케팅 이일권 송만석 현나래 김재욱 김은지 이애주 오정민 외서기획 이슬
디자인 공희 진미나 백은주 제작 김기창
관리 주동은 조재언 총무 문준기 노재경 송민진 우근영

펴낸곳 청림출판(주)
등록 제1989-000026호

본사 06048 서울시 강남구 도산대로 38길 11 청림출판(주) (논현동 63)
제2사옥 10881 경기도 파주시 회동길 173 청림아트스페이스 (문발동 518-6)
전화 02-546-4341 팩스 02-546-8053
홈페이지 www.chungrim.com 이메일 life@chungrim.com
블로그 blog.naver.com/chungrimlife 페이스북 www.facebook.com/chungrimlife

사진 로만 메이드 스튜디오

ⓒ류지수, 2019

ISBN 979-11-88700-43-1 (13590)